Raghavendra H

Síntese de tirosinase por streptomyces SP.

Raghavendra H

Síntese de tirosinase por streptomyces SP.

Síntese ecológica de tirosinase utilizando streptomyces SP.

ScienciaScripts

Imprint

Cover image: www.ingimage.com

This book is a translation from the original published under ISBN 978-620-7-47335-9.

Publisher:
Sciencia Scripts
is a trademark of
Dodo Books Indian Ocean Ltd. and OmniScriptum S.R.L publishing group

120 High Road, East Finchley, London, N2 9ED, United Kingdom
Str. Armeneasca 28/1, office 1, Chisinau MD-2012, Republic of Moldova, Europe
Printed at: see last page
ISBN: 978-620-8-06263-7

ÍNDICE

Agradecimento

Tenho a sorte de ter trabalhado sob a orientação do ***Dr. A. Dayanand,*** *Professor e Vice-Chanceler da Universidade de Gulbarga, Departamento de Microbiologia da Universidade de Gulbarga, Gulbarga. Ele é uma fonte de inspiração durante todo o período da minha investigação. Aproveito esta oportunidade para exprimir a minha profunda gratidão pela sua orientação, encorajamento constante e sugestões construtivas.*

Expresso os meus sinceros agradecimentos a todos os membros do pessoal do Departamento, ***Prof. Y. F. Neelgund, Prof. Y. M. Jayaraj, Prof. S. M. Gaddad, Prof. K. Lingappa, Dr. Vandana Rathod*** *e* ***Dr. C. T. Shivannavar*** *pela sua ajuda e cooperação. Agradeço também ao* ***Dr. Nimbargi*** *e a* ***S. R. Ghanti*** *pela sua amável assistência. Agradeço também ao Sr. Raghavendra R., Professor Convidado, pela sua amável ajuda.*

Agradeço aos meus amigos de investigação, o Sr. Syed Raziuddin Quadri, o Sr. Bhaskar, a Sra. Shirley, a Sra. Mousumi, o Sr. Shivaveer Kumar e todos os meus amigos mais velhos, especialmente o Sr. Prabhakar e o Sr. Girish. Agradeço também ao Sr. Ajay, bolseiro de investigação do Departamento de Biotecnologia e a todos os meus amigos pela sua ajuda, sugestões valiosas e encorajamento ao longo do meu estudo. Os meus sinceros agradecimentos a todos os que me ajudaram direta ou indiretamente durante o meu trabalho de investigação.

Expresso também a minha gratidão ao meu amigo Dr. P Shivakumar singh por ser uma causa contínua de motivação e entusiasmo.

Expresso também a minha gratidão aos meus pais e a todos os meus amigos por serem uma fonte constante de inspiração e motivação.

Estou igualmente grato ao Sr. Rajshekhar M. B. ***M/s. Suman Computer and Xerox*** *pela compilação cuidada e rigorosa do Livro*

DR Raghavendra

Dedicado
para
meu amado
Pais

CAPÍTULO - I
INTRODUÇÃO

A tirosinase é geralmente conhecida como enzima monoxigenase de cobre múltiplo. Contém duas cópias do tipo T111 no seu sítio ativo e oxida vários compostos fenólicos nas quininas correspondentes. As quininas são altamente reactivas e podem reagir ainda mais de forma não enzimática. Um substrato típico da tirosinase é a tirosina, que é primeiro hidroxilada em dopa, que é depois oxidada pela enzima tirosinase em dopa quinina. A tirosinase tem, assim, duas actividades enzimáticas numa só, a atividade monofenol monooxigenase e a atividade catecol oxidase. A especificidade do substrato da tirosinase é relativamente ampla e a enzima é capaz de oxidar uma série de polifenóis e aromáticos, mas não pode oxidar a siringaldazina (Francisco *et al.*, 1997).

Até agora, os dados experimentais têm sugerido que as tirosinases de todas as origens são proteínas monoméricas com mais de uma isoforma. Sabe-se que as actividades monofenalase e difenolase da enzima requerem oxigénio molecular. A tirosinase existe em três tipos diferentes, de acordo com a disposição da estrutura binuclear de cobre, ou seja, três isoformas, nomeadamente a oxitirosinase, a mettirosinase e a desoxitirosinase (Kittisak, 2008).

A oxitirosinase tem dois átomos de Cu (II) tetragonais. Cada átomo de Cu está coordenado por três ligandos N_{His}, que consistem numa ligação axial fraca e duas ligações equatoriais fortes. A molécula de oxigénio exógeno (O_2) está ligada a este local como peróxido e faz a ponte entre os dois iões Cu. A mettirosinase tem uma estrutura bicúptrica tetragonal com uma ponte de oxigénio endógeno. O derivado líquido contribui para a atividade de repouso da tirosinase. A enzima, tal como obtida após purificação, encontra-se na forma de repouso e é uma mistura de mettirosinase e oxitirosinase no rácio 85:15. A desoxitirosinase tem uma estrutura bicuprada Cu (I) - Cu (I). Não existe ponte de oxigénio nesta estrutura. A redução de dois electrões para o local desoxi seguida da ligação do oxigénio molecular regenera a oxitirosinase (Yasuyuki *et al.*, 2006).

As fontes da enzima tirosinase estão amplamente distribuídas na natureza e foram obtidas preparações altamente purificadas a partir de cogumelos, tubérculos de batata, favas, hemolinfa de insectos e tumores de melanoma de mamíferos. A tirosinase é mais conhecida e caracterizada pela sua origem em mamíferos. As tirosinases fúngicas mais extensivamente investigadas, tanto do ponto de vista estrutural como funcional, são as de *Agaricus bisporus* (Wichers *et al.*, 1996) e *Neurospora crassa* (Lerch, 1983). Também foram registadas algumas tirosinases bacterianas, das quais *as tirosinases de Streptomyces* são as mais bem caracterizadas. Além disso, foram divulgadas tirosinases, por exemplo, de *Bacillus* e *Myrothecium, Mucor, Miriococcum, Aspergillus, Chaetotomastia, Trametes* (Tomovsky e Homolka *et al.*, 2004).

Os primeiros estudos sobre as tirosinases foram motivados pelo desejo de compreender e prevenir o escurecimento enzimático que ocorre na presença de ar quando os cogumelos, frutas ou legumes são cortados ou escovados. Este fenómeno está intimamente ligado à ação da tirosinase e causa graves perdas económicas na indústria alimentar. Recentemente, as atenções voltaram-se para as aplicações biotecnológicas e ambientais da tirosinase, tendo as tirosinases de macrofungos sido geralmente escolhidas para estes estudos. As aplicações mais importantes que estão a ser investigadas são a biossíntese de L-Dopa, a deteção e quantificação de compostos fenólicos em amostras de água, a remoção de compostos fenólicos de águas residuais e a produção de redes de proteínas reticuladas. As águas residuais que contêm fenóis e derivados fenólicos são geradas pelas indústrias têxtil, do carvão, química, petroquímica, mineira e do papel, entre outras. A legislação ambiental cada vez mais rigorosa está a dar um impulso ao desenvolvimento de técnicas analíticas para a monitorização rápida destes compostos. Tradicionalmente, a análise tem-se baseado em métodos espectrofotoméricos ou cromatográficos. As novas técnicas que estão atualmente a ser desenvolvidas incluem a eletroforese capilar, os ensaios imunológicos e os biossensores. Estas técnicas oferecem potencialmente uma melhor especificidade, menores perdas e um processamento de amostras mais rápido e simples.

Está bem estabelecido que os microrganismos são os principais produtores de vários produtos benéficos para o ser humano, especialmente no domínio da saúde, da agricultura e da indústria. Recentemente, os actinomicetos estão a dominar como fonte principal de uma série de produtos de valor acrescentado para a indústria. Os actinomicetos são bactérias gram positivas heterotróficas e altamente oxidativas e foram considerados uma forma intermédia entre bactérias e fungos, devido às suas várias caraterísticas. Entre todos os micróbios, os actinomicetos parecem apresentar uma grande diversidade de vias metabólicas potenciais com uma variedade de substratos. Para além da produção de antibióticos, os actinomicetos estão a atrair uma grande atenção no domínio da biotecnologia para a produção de enzimas, inibidores de enzimas, agentes antitumorais, imunomoduladores, auto-reguladores, aditivos alimentares, etc., através do seu sistema metabólico único.

Vários investigadores relataram a produção de tirosinase por bactérias (Francisco *et al.*, 1997, Liu *et al.*, 2004, Jun YAO *et al.*, 2003 e Yasuko *et al.*, 2007). A produção de tirosinase por vários isolados potenciais de fungos também foi registada (Marcel Huber *et al.*, 1985, Liu *et al.*, 2004, Yasuko *et al.*, 2007). Também foram registados poucos relatórios sobre a produção de tirosinase por *Streptomyces* sp. (John *et al.*, 1954, Marcel Huber *et al.*, 1985, Junyao *et al.*, 2007 e Yusuyuki Matoba *et al.*, 2006). No entanto, a potencialidade metabólica de *Streptomyces* sp. está pouco explorada. Por conseguinte, foi efectuado o presente estudo.

CAPÍTULO - II
FINALIDADE E OBJECTIVOS

2.1 Objetivo

O objetivo do presente estudo é explorar *Streptomyces* sp. para a produção de tirosinase. Tendo em conta o potencial metabólico dos actinomicetos em geral e dos estreptomicetos em particular, o objetivo é detetar as estirpes eficientes de Streptomyces para a produção de tirosinase. No presente estudo, também foram feitos esforços para otimizar o bioprocesso de produção de tirosinase.

2.2 Objectivos

O presente estudo foi realizado para atingir o objetivo proposto com os seguintes objectivos principais

1. Seleção qualitativa de Strpetomyces para a síntese de tirosinase.
2. Seleção quantitativa de Streptomyces para a síntese de tirosinase.
3. Determinação do poder catalítico da tirosinase.
4. Produção de tirosinase.
5. Factores que influenciam a produção de tirosinase.
6. Isolamento e purificação da tirosinase.

CAPÍTULO - III
REVISÃO DA LITERATURA

3.1 Tirosinase

3.1.1 Estrutura e propriedades

A tirosinase (EC 1. 14. 18. 1), que catalisa a oxidação de monofenóis em ortodihidroxifenóis e posteriormente em O-quinonas, tem um antepassado comum putativo com as proteínas de ligação e transporte de oxigénio (Dursewitz e Terwilliger, 1997; Decker *et al.*, 2000). Apareceram na Terra em consequência da mudança do carácter químico da atmosfera, de redutor para oxidante, que resultou da fotossíntese. Têm origem em metaloproteínas primitivas, que se ligam ao dioxigénio através do grupo prostético que contém um catião metálico transitório coordenado.

A família das proteínas do tipo hemocianina inclui hemocianina de moluscos e artrópodes, tirosinases, profenoloxidases e hexamerinas de insectos. Todas elas revelam uma porção conservada de resíduos de histidina de coordenação Cu que formam os domínios Cu A e Cu B (Burmester e Scheller, 1996), mas apenas o último é conservado em todos os taxa. O domínio Cu A da hemocianina dos artrópodes difere muito do seu homólogo dos moluscos, que é semelhante ao domínio Cu A presente em várias tirosinases (incluindo as procarióticas). Esta é uma possível consequência do paralelismo evolutivo (Lieb *et al.*, 2001). A homologia com hemocianinas de moluscos e tirosinases de outros taxa animais, que formam um grupo irmão, permanece distante (Fugimoto *et al.*, 1995). É aceite que a estrutura do domínio CuB é antiga (Reported prezyslaw), a tirosinase também se manifesta pela sua capacidade de oxidar O-difenóis em O-quionnes. Em condições fisiológicas, pelo contrário, a hemocianina dos artrópodes só pode ser obtida após protólise limitada ou desnaturação com SDS (Decker *et al.*, 2001).

As tirosinases foram isoladas e estudadas a partir de uma grande variedade de espécies vegetais, animais e fúngicas. As tirosinases de diferentes espécies são diversas em termos das suas propriedades estruturais, distribuição nos tecidos e localização celular. Foi sugerido que não existe uma estrutura comum da proteína tirosinase em todas as espécies. As enzimas presentes nos tecidos vegetais, animais e fúngicos diferem frequentemente no que respeita à sua estrutura primária, tamanho, padrão de glicosilação e caraterísticas de ativação. No entanto, todas as tirosinases têm em comum um centro de cobre binuclear do tipo 3 no seu sítio ativo. Aqui, dois átomos de cobre estão coordenados, cada um, com três resíduos de histidina.

As caraterísticas estruturais cristalográficas (www.wilkepedia.com) da tirosinase são apresentadas a seguir.

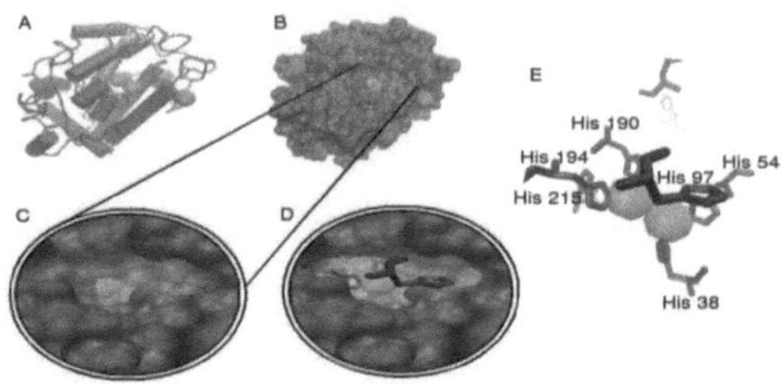

A estrutura cristalina de uma tirosinase derivada de Streptomyces em complexo com a chamada "proteína cádica". Em todos os modelos apenas é mostrada a molécula de tirosinase, os átomos de cobre são mostrados a verde e a superfície molecular é mostrada a vermelho. Nos modelos D e E, os aminoácidos histidina são representados por uma linha azul. A partir do modelo E, pode ver-se claramente que cada átomo de cobre no sítio ativo está de facto complexado com três resíduos de histidina, formando um centro de cobre de tipo 3. Também se pode ver nos modelos C e D que o sítio ativo desta proteína se situa numa bolsa formada na superfície molecular da molécula.

A elucidação estrutural das enzimas em geral e da tirosinase em particular é principalmente atribuída pelo Espectro de Massa de Cromotograma Líquido (LCMS), que determina o peso molecular da tirosina e da DOPA (William Camp, Text book).

Os dois átomos de cobre no local ativo das enzimas tirosinase interagem com o dioxigénio para formar um intermediário químico altamente reativo que depois oxida o substrato. A atividade das tirosinases e das catecol oxidases é coletivamente designada por polifenol oxidases.

As enzimas tirosinase, que utilizam o oxigénio molecular para oxidar fenóis e polifenóis, foram preparadas a partir de várias fontes, sendo que algumas destas enzimas contêm cobre como parte integrante da sua estrutura e um tipo de oxidase de cobre que tem sido muito estudado é a tirosinase, a polifenoloxidase e o complexo fenolase, descrito com alguns pormenores a partir de cogumelos, tubérculos de batata, neurospora crassa, favas e tumores de melanoma de mamíferos, são capazes de catalisar duas reacções ostensivamente diferentes: a orto-hidroxilação de fenóis para dar catecóis e a desidrogenação de catecóis para O-quinomas. Estes últimos produtos são instáveis em solução aquosa e decompõem-se num período de minutos a horas através de uma combinação de reacções nucleofílicas e de outras oxidações mediadas pelo oxigénio, nem todas compreendidas (Harry *et al.*, 1969).

Mason *et al.* (1955) demonstraram que, no processo de hidroxilação, a fonte de oxigénio do novo grupo hidroxilo é o oxigénio molecular, facto que qualifica a enzima como tendo uma função mista e envelhecida. No caso da oxidação do catecol, a investigação por técnica de ressonância de spin de electrões indica que os electrões são transferidos não um de cada vez, mas em pares, sabendo-se que uma molécula de oxigénio é capaz de oxidar duas moléculas de catecol. Acumulou-se uma grande quantidade de informação sobre a variedade de substratos e inibidores.

Até agora, os dados experimentais sugeriram que as tirosinases de todas as origens são proteínas monoméricas com mais de uma isoforma (Solomon *et al.*, 1996; van Gelder *et al.*, 1997; Vaughan *et al.*, 1975 e Kwon *et al.*, 1987). Sabe-se que as actividades monofenolase e difenolase da enzima necessitam de oxigénio molecular (van Gelder *et al.*, 1997 e Sanchez-Ferrer *et al.*, 1988).

Até à data, as propriedades do sítio ativo e a reatividade da tirosinase foram elucidadas principalmente através de correlações com as hemocianinas, as proteínas de moluscos e artrópodes que contêm cobre azulado (Solomon *et al.*, 1996 e Matoba *et al.*, 2006). Dois átomos de cobre estão situados no sítio ativo e são as estruturas geométricas e electrónicas desta estrutura binuclear de cobre que controlam o exercício da atividade enzimática. Existem três tipos diferentes de disposição da estrutura binuclear de cobre da tirosinase, ou seja, três isoformas, nomeadamente a oxitirosinase, a emtirosinase e a desoxitirosinase.

3.1.2 Fontes

Fonte	Referências
Bactérias	
Vibrio tyrosinaticus	Francisco *et al.*, 1997
Azospirullum lipofum	Francisco *et al.*, 1997
Bacillus thargenis	Liu *et al.*, 2004
Munnomonas meditouroned	Liu *et al.*, 2004
Pseudomonas maltophial	Junyao *et al.*, 2007
Fungos	
Agaricus bisprous	Marcel Huber *et al.*, 1985
Finorhizobium meloti	Liu *et al.*, 2004
Neurospora crass	Liu *et al.*, 2004
P. nameko	Yasuko *et al.*, 2007
***Streptomyces* sps.**	
Streptomyces scabies	John *et al.*, 1954
Streptomyces glucosences	Marcel Huber *et al.*, 1985
Streptomyces nigrans	Marcel Huber *et al.*, 1985
Streptomyces castaeoglobiras	Xwan *et al.*, 2007
Antibióticos de Streptomyces	Yusuyuki matoba *et al.*, 2008

3.2 Actinomicetos e Streptomyces

3.2.1 Actinomicetos

Os actinomicetos são um grupo diversificado de procariotas filamentosos heterotróficos ubíquos, bem como de bactérias gram positivas que apresentam uma verdadeira ramificação. São não-capsulados, heterotróficos, altamente oxidativos e aeróbicos. Algumas espécies pertencentes aos géneros actinomicetes (Waksman, 1961) e Micromonospora (Hungate, 1946) são actinomicetes estritamente anaeróbicos, mesófilos e neutrófilos. A temperatura óptima varia entre 25-30° C e o pH é de 6,5 a 8,0. Alguns dos *Thermoactinomyces* sp. são termofílicos e crescem a 45-

60º C (Williams *et al.*, 1967). São considerados uma forma intermédia entre fungos e bactérias devido à sua morfologia fungicida e mecanismo bacteriano, mas atualmente são agrupados como procariotas.

Trata-se de um grupo único de organismos com diferentes caraterísticas morfológicas, culturais, bioquímicas e fisiológicas (Williams e Vickers, 1988). Os actinomicetas foram sempre considerados como um grupo estranho de procariotas no que diz respeito à diversidade da sua morfologia e dos seus produtos metabólicos, tais como antibióticos, agentes antitumorais, enzimas, inibidores de enzimas e substâncias promotoras de crescimento (Lechevalier e Lechevalier, 1967).

A maioria dos isolados de actinomicetos comporta-se como neutrófilos capazes de crescer a um pH que varia entre 5,0 e 9,0, com um ótimo em torno de 7,0. O pH é o principal fator ambiental que determina a distribuição e a atividade dos actinomicetos do solo (Lacey, 1973).

Os actinomicetos são conhecidos por produzirem um grupo diversificado de compostos bioactivos que são úteis nos domínios medicinal, industrial e agrícola. A importância dos compostos bioactivos dos actinomicetos no domínio da medicina é consideravelmente incomparável com a de outras fontes biológicas. Produzem muitos antibióticos antifilariais (Campbell, 1985), antifúngicos (Yao *et al.*, 1994), antivirais (Selman, 1963), antitumorais (Yoko e Satoshi, 2003). Imunomodulador (Iwami *et al.*, 1987) e inibidor de enzimas (Selman, 1963). Produzem também muitos produtos industriais importantes, como enzimas, pigmentos e aditivos alimentares (Selman, 1963) e são também conhecidos por produzirem insecticidas (Dahn *et al.*,

1976), pesticidas (Ando, 1971), herbicidas e até antibióticos antifúngicos (Agrios, 1988) que são úteis no domínio agrícola.

Dos 12000 antibióticos conhecidos, cerca de 70% são produzidos por actinomicetos.

Compostos importantes do ponto de vista medicinal

Actinomyces sp.	Compostos
Actinomadurae sub sp. Simaoensis	Composto antiparasitário LL-D 42067 B
Streptomyces avermitilis	Anti-helmíntico avermectina
Actinoplanes aroafinensis	Antimicobacteriano
Kitasatospora kifunense	Imunomodulador
Streptoloteichus hindustanus	Antiviral HSV-1
Streptomyces tsukuvaensis	Imunossupressor

Compostos industrialmente importantes

Themomonospora sp.	Xilanase
Streptomyces griseus	L-asparaginase
Streptomyces thermodiastalicus	Celulose, endoglucanase que degrada a lenhina
Streptomyces limosis	Produtor de amilase
Streptomyces thermoviolaceus	Produtor de proteases
Streptomyces indigoferus	Produtores de pigmentos solúveis azuis a verdes

Compostos de importância agrícola

Actinomyces sp.	Produtores de insecticidas como a monensina, a salinomicina, como o locídeo e a maduramicina
Streptomyces sp.	Produtor de pesticidas como a antimicina
Algumas espécies de actinomicetos	Produz antibióticos antifúngicos como a terramicina e a estreptomicina (Lechavalier e Waksman, 1962; Lechaevalier, 1988)

3.2.2 Streptomyces

Embora os membros de Streptomyces tenham sido extensivamente analisados para a obtenção de compostos bioactivos. Espera-se que as espécies raras do género contenham isolados ainda não descobertos e novos produtos metabólicos (Vickers *et al.*, 1984 e Bull *et al.*, 2000).

Descobertas recentes de métodos independentes de cultura demonstraram que os actinomicetas marinhos indígenas existem nos oceanos e estão amplamente distribuídos no ecossistema marinho. Foram feitos progressos no isolamento de novos actinomicetos a partir de amostras recolhidas em diferentes ecossistemas marinhos. Muitos destes metabolitos possuem actividades biológicas e têm potencial para serem desenvolvidos como agentes terapêuticos. Os actinomicetos marinhos são uma fonte de perfil mas pouco explorada para a descoberta de novos metabolitos secundários (Lamks, 2006).

Uma pesquisa bibliográfica que abrange mais de vinte e três mil produtos microbianos bioactivos, incluindo oito mil anti-infecciosos, demonstrou a importância crescente dos chamados actinomicetos "raros" como fonte de novos antibióticos. Esforços passados e presentes no isolamento de actinomicetos raros enriqueceram a coleção italiana de estirpes para investigação biológica com mais de vinte mil estirpes, demonstrando que, quando se desenvolvem e aplicam extensivamente métodos de isolamento seletivo, alguns géneros, como Actinomadura, Actinoplanes, Micromonospora e Microtetraspora, não são de todo raros e podem ser registados em muitas amostras de solo. Atualmente, a atenção centra-se no isolamento de membros da família Streptosporangiaceae, dada a sua promissora diversidade química (Lazzarini *et al.*, 2000).

Streptomyces está incluído na família Streptomycetaceae e representa um dos géneros mais importantes da ordem Actinomycetales devido ao seu impressionante número de espécies e ao seu papel prático. Os membros deste género foram profundamente estudados devido à sua capacidade de produzir antibióticos e enzimas de importância industrial, como a glucose isomerase, a protease, a amilase e as xilanases, ao mesmo tempo que foi estudada a sua capacidade de produção.

A enzima mono-oxigénio contendo cobre foi produzida por *Streptomyces* sp. e investigada mais extensivamente do ponto de vista estrutural e funcional. Foram registadas espécies *de Streptomyces* sp. como *S. glaucescence,* (Marcel Huber *et al.*, 1985), *Streptomyces nigrans, S. scabies* (John *et al.*, 1954) e *Streptomyces livadus.*

3.3 Síntese da tirosinase

3.3.1 Via da tirosinase

A tirosinase foi sintetizada por substrato (L-tirosina, L-dopa, catecol e hidroxiquonona). A tirosinase, que pertence à família das proteínas com centro catalítico formado por cobre dinuclear, catalisa a orto-hidroxilação de monofenóis e a subsequente oxidação do produto difenólico, resultando em quinina. Ocorre uma série de reacções sob a redução concomitante do oxigénio molecular. O produto da quinina é um precursor reativo para a síntese do pigmento melanina, a tirosinase, está classificado na família das proteínas de cobre do tipo 3, são a catecol oxidase e o pigmento respiratório hemocianina.

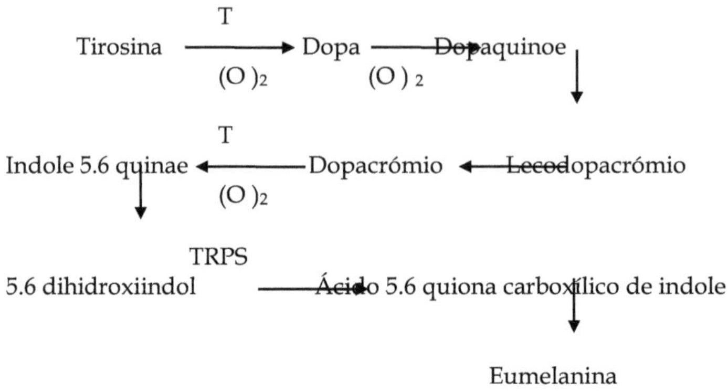

(T = tirosinase, TRPS = substâncias proteicas relacionadas com a tirosinase)

3.3.2 Aplicações da tirosinase

- A tirosinase, que possui uma atividade antioxidante, antiviral e um efeito protetor contra os danos causados pela radiação ultravioleta.
- A tirosinase é uma enzima atractiva para aplicações industriais em tecnologia ambiental para a detoreficação de águas residuais contendo fenol e solos contaminados.
- Tirosinase utilizada para propriedades benéficas de aditivos alimentares e como fármacos.
- A tirosinase é utilizada na formação de biopolímeros com propriedades visco-elásticas úteis.
- A tirosinase é utilizada para melhorar os alimentos em termos de aroma, sabor e textura através da polimerização de derivados de fenol.
- Espera-se que a tirosinase de cogumelos comestíveis tenha potencial biotecnológico em aplicações alimentares, uma vez que a não toxicidade da tirosinase é certificada pela utilização histórica de cogumelos como alimento.

- A tirosinase é utilizada nas indústrias cosmética e alimentar.

A tirosinase é a enzima que catalisa a biossíntese da melanina, um pigmento envolvido no escurecimento de frutos e vegetais, que tem sido objeto de interesse para a investigação desde há anos, em parte devido ao seu possível papel no mecanismo de defesa das plantas, bem como às preocupações económicas da indústria alimentar resultantes da descoloração e da perda de conteúdo nutricional.

3.4 L-Dopa e melanina

3.4.1 L-Dopa

A L-Dopa (3,4 - dihidroxi fenil alanina) é um metabolito secundário bem conhecido, um aminoácido não proteico sintetizado por plantas, animais e microrganismos. É um medicamento muito aplicável no tratamento da doença de Parkinson, uma doença degenerativa que causa rigidez, tremores. Lentidão da fala e demência e controlo das alterações nas enzimas do metabolismo energético do miocárdio após lesão neurogénica, esta doença está associada a uma diminuição do nível de dopamina no cérebro e é tratada com a administração oral de L-Dopa, que é o precursor da dopamina.

A L-Dopa ocorre naturalmente em frutos como a banana, a maçã, as vagens de plântulas e o feijão (Jun Yao, *et al.*, 2007) relataram pela primeira vez a produção de L-Dopa a partir da L-tirosinase por *Streptomyces* sp.

A tirosina entra na mitocôndria, onde é hidroxilada para formar di-hidroxi-fenil-alanina (DOPA). Requer tetra-hidroproteína (FH_4) como dador de hidrogénio Fe^{++} , tirosina hidrolase também chamada tirosinase, que é também uma metaloenzima que contém Cu^{++} . É a enzima que limita a taxa na via biossintética (Chaterjee e Shindhe, 2002).

L-dopa, medicamento utilizado para aliviar alguns dos sintomas da doença de Parkinson, nomeadamente tremores, rigidez e movimentos lentos. A doença de Parkinson ocorre quando a concentração de dopamina no cérebro se esgota. A administração médica de dopamina por si só é ineficaz, uma vez que esta substância química aparentemente não entra no cérebro a partir do sangue. A L-dopa, um precursor metabólico da dopamina, entra no cérebro através da corrente sanguínea e é provavelmente convertida em dopamina. Uma vez que existem muitas doenças cerebrais com sintomas semelhantes, muitos doentes não registam qualquer melhoria quando tratados com o medicamento. Além disso, praticamente todos os doentes que tomam L-dopa apresentam efeitos secundários, incluindo náuseas, perda de apetite, irregularidades cardíacas e alterações psicológicas.

3.4.2 Melanina

As melaninas são pigmentos polifenólicos de cor escura sintetizados por diferentes organismos ao longo da escala filogenética, desde as bactérias até aos mamíferos. As melaninas estão envolvidas na defesa contra oxidantes, radicais livres e radiação UV, embora o mecanismo exato para estes papéis seja ainda largamente desconhecido. Nos organismos superiores, a melanina é produzida utilizando o precursor L-tirosina e a enzima chave é a tirosinase (EC 1. 14. 18. 1). Esta enzima catalisa a via de Raper mason (Franciso Solano *et al.*, 1997).

O-hidroxilação da L-tirosina
(Atividade da cresolase)
↓ O_2 (Oxidação)

Em 3.4 di-hidroxifenilalame
(L-Dopa)
↓ O_2 (Oxidação)

O-difenol
↓

L-Dopa quinona (Catecolase)
↓

Formação de O-quinona
↓

Não é estável ou sofre um ciclo molecular interno, dando origem a
Crónica de L-Dopa
Melanina intermédia bem conhecida
↓ CO_2

Di-hidroxiindol
↓

Rearranjo adicional na polimerização
↓

Chumbo para melanina

Tipos de melanina (Pzemy Slaw *et al.*, 2006)

As melaninas são geralmente de três tipos

1) Eumelanina
2) Feomelanina
3) Tricocromos

As melaninas são polímeros de compostos. A classificação mais geral de tais compostos, incluindo todos os seus tipos em pro e Eukaryota, contém três tipos principais de tais polímeros:

Eumelaninas (pretas ou castanhas) - produzidas no decurso da oxidação da tirosina (e/ou fenilalanina) em o-di-hidroxifenialanina (DOPA) e dopaquionona, que sofre posteriormente ciclização em 5,6-di-hidroxiindol (DHI) ou ácido 5,6-di-hidroxiindol-2-carboxílico (DHICA) (del Marmol e Beermann, 1996, Langfelder *et al.*, 2003).

Feomelaninas (vermelho-amarelo) - que são inicialmente sintetizadas tal como as eumelaninas, mas a DOPA sofre cisteinilação, diretamente ou por mediação do glutatião. O produto final desta reação, o cisteinil DOPA, polimeriza-se posteriormente em vários derivados de benzotiazinas (Kobayashi *et al,* 1995; Nappi e Ottaviani, 2000); Alomelaninas - o grupo de polímeros menos estudado e mais heterogéneo, que surge através da oxidação/polimerização do di-(DHN) ou tetrahidroxinaftaleno, através da via pentacetídea que conduz, através da flaviolina, a vários polímeros coloridos de DHN-melaninas, ácido homogentísico (piomelaninas), y-glutaminil-4-hidroxibenzeno, catecóis, bem como do ácido 4-hidroxifenilacético (Gibello *et al.*, 1995; Kotob *et al., 1995;* Espin *et al.*, 1999; Funa *et al.*, 1999; Jacobson, 2000).

Em geral, as feomelaninas contêm enxofre, ao passo que a maioria dos tipos de alomelaninas não contém azoto. A segunda diferença importante diz respeito à configuração dos resíduos de quinona ou quinonimina nas melaninas: a configuração *orto-* está presente nas eu- e feomelaninas, e a *para-* (polímeros de y-glutaminil4-hidroxibenzeno) ou *meta-* (polímeros de DHN) nas alomelaninas.

Importância da melanina

A função básica da melanina continua a ser objeto de controvérsia e especulação, embora a sua importância adaptativa tenha sido comprovada. É provável que a melanogénese tenha evoluído paralelamente em vários grupos de organismos de vida livre para proporcionar proteção contra condições de stress ambiental, mas nos microrganismos patogénicos. Os genes responsáveis pela melanização estão reunidos, em alguns casos, em operões que têm uma aplicação versátil na engenharia genética.

3.5 Factores que influenciam a produção de tirosinase

As fontes de carbono e azoto são elementos importantes para o crescimento dos microrganismos, sendo a quantidade mínima de carbono e azoto que promove a reação catalítica (Dastager *et al.*, 2006).

A produção de tirosinase é afetada pela disponibilidade de nutrientes. Em experiências de fermentação, a produção de antibióticos é aumentada pela presença de uma fonte de carbono não preferida ou pela inanição de fosfato (Aharonowitz, 1980 e McDowall *et al.*, 1999). A fonte e a disponibilidade de fontes de azoto e de carbono também influenciam a produção de tirosinase (Aharonowitz, 1980 e Ozlem *et al.*, 2005). Os parâmetros físico-químicos, pH, temperatura e período de incubação desempenham um papel vital na produção de moléculas bioactivas (Shatta *et al.*, 1990). O mecanismo de regulação da produção de metabolitos secundários ainda não é totalmente compreendido, mas parece estar ligado à regulação da esporulação.

3.5.1 Carbono

O efeito do carbono sobre a melanina é indireto. Actua na produção de enzimas, sendo normalmente o amido a fonte mais eficaz para a produção de tirosinase, seguido da glucose, frutose e lactose (Shatta *et al.*, 1990, Aiyer, 2004 e Dastager *et al.*, 2006).

3.5.2 Azoto

O azoto encontra-se em abundância no ambiente e é essencial para a síntese da tirosinase; os aminoácidos como a citrulina, a arginina, a histidina e a L-tirosina são as fontes de azoto mais eficazes. Assim, o azoto é um elemento essencial para o crescimento dos microrganismos (Konard larch e Leopold Ettlinger, 1972, Aharonowitz, 1980, Gill *et al.*, 2003, Dastager *et al.*, 2006 e Ozlem *et al.*, 2006).

3.6 Isolamento e purificação da tirosinase

A tirosinase é uma enzima bifuncional que contém cobre e que utiliza o oxigénio molecular para catalisar a oxidação de monofenóis e difenóis. A enzima perturba uma vasta gama de organismos, incluindo bactérias, fungos, plantas, insectos e outros animais e é responsável por uma variedade de fermentações. O valor comercial desta enzima e as propriedades moleculares da tirosinase foram fornecidos por informações de *Streptomyces tyrosinase.* Por conseguinte, o isolamento e a purificação são indispensáveis (Yasuko *et al.*, 2007).

3.6.1 Isolamento da tirosinase

A enzima tirosinase é isolada em caldo mineral, e a temperatura óptima é de 30° C durante 72 horas, a L-tirosina é o substrato e o meio mineral para a tirosinase do cultivador, após 72 horas o extrato de enzima centrifugado e em bruto e outras experiências podem ser realizadas (Yasuko *et al.*, 2007).

3.6.2 Purificação parcial da tirosinase

Streptomyces tyrosinase todos os produtores foram levados a cabo a 4° C a enzima bruta extraída de DLS-8 e centrifugada. O sobrenadante foi utilizado numa fração saturada com sulfato de amónio a 30 - 60%. O precipitado proteico foi dialisado contra 50 mm de Tris HCl pH 7,2 ± 5. A tirosinase foi purificada a partir do dialisado e a solução utilizada foi SDS-PAGE.

CAPÍTULO - IV
MATERIAIS E MÉTODOS

4.1 MATERIAIS

4.1.1 Isolados

Foram utilizadas as culturas de *Streptomyces* sp. isoladas pelos investigadores seniores do nosso laboratório. No total, os quinze isolados de *Streptomyces* sp. utilizados no presente estudo são os seguintes DAS-131, DAS-165, DLS-1, DLS-2, DLS-5, DLS-6, DLS-8, DVB-1, DVB-2, DVB-3, DVB-4, DVB-11, DVB-17, DVB-14 e DVB-15.

4.1.2 Substratos

No presente estudo, foram utilizados os seguintes substratos adquiridos a empresas de fabrico normalizadas.

a) L-tirosina

b) L-Dopa

c) Catecol e

d) Hideroxiquinona

4.1.3 Meios de comunicação social

Os diferentes meios utilizados no presente estudo são os mencionados abaixo e as composições dos meios em pormenor são apresentadas em anexo.

a) Meios de utilização de carbono

b) Meios de utilização do azoto

c) Meios minerais

d) Ágar amido-caseína

4.1.4 Corantes, reagentes e produtos químicos

Os principais corantes, reagentes e produtos químicos utilizados no estudo são os seguintes e os pormenores da sua composição são apresentados em apêndice.

Corantes e reagentes

a)L-tirosina(0,5mM)

b)L-dopa(0,5mM)

c) TCA(1,5M)

d)Tampão Tris-Hcl

e) Ácido ascórbico

f)FCR

g) Reagente alcalino de cobre

h) Catecol

i)Hidroxiquinona

Produtos químicos

Fontes de carbono

a)Amido

b)Glucose

c)Frutose

d)Lactose

Fontes de azoto

a) Citrulina

b) Arginina

c) Histidina

d) **L-tirosina**

4.2 MÉTODOS

4.2.1 Seleção de Streptomyces para a tirosinase

Seleção qualitativa

O rastreio qualitativo para a seleção de potenciais isolados de Streptromyces foi realizado pelo método de ensaio em placa (Bahrim e Negoita, 2006).

O rastreio qualitativo dos isolados de teste para a síntese de tirosinase baseou-se na formação de melanóides. Foi utilizado o meio mineral sem substrato de L-tirosina como controlo para cada isolado. As placas foram observadas a cada 24 horas para a síntese de tirosinase. A formação de pigmentação escura no meio de cultura foi observada às 72 horas à temperatura ambiente.

Rastreio quantitativo

O rastreio quantitativo de todos os isolados de Streptomyces testados foi efectuado pelo método padrão de ensaio em caldo para determinar a atividade da tirosinase (Bahrim e Negoita 2006)

0,1 ml de suspensão de isolados de teste foram inoculados em 100 ml de caldo estéril de meio mineral (pH 7,2) individualmente e mantidos para incubação a 30° C durante três dias. 5 ml de caldo de cultura foram retirados assepticamente a cada 24 horas e centrifugados. O sobrenadante do caldo centrifugado foi submetido ao ensaio da tirosinase . O método de processamento do sobrenadante para a determinação quantitativa é o seguinte

Passo - 1

0,5 ml de 0,05 M de tirosina num tubo de ensaio

↓

0,5 ml de tampão Tris HCl, pH 7,2, que foi tomado por

↓

0,5 ml de solução enzimática tomada em

↓

Tubo de ensaio (no caso de um ensaio em branco, não se adiciona enzima nesta fase)

↓

Após incubação, 0,5 ml de enzima adicionada ao branco

↓

Conservado durante 30 minutos à temperatura ambiente

Etapa - 2

Após a incubação, adicionar 0,5 ml de TCA 1,5 M aos tubos para parar a reação. Adicionar 3-7 ml de água destilada em 0,1 ml retirado da etapa 1.

$$\text{Atividade enzimática} = \frac{\square\text{mol de tirosina} \times 2}{\text{Tempo de incubação} \times 0{,}1 \times 0{,}5}\ \square\text{mol/ml/min}$$

2 - 0,5 ml, 0,05 tirosina + 0,5 ml Tris HCl + 0,5 ml

Água destilada + 0,5 ml de enzima

Tempo de incubação - 30 min

0,1 vol. - Vol. da etapa 1 utilizando a etapa 2

0,5 ml de solução enzimática

4.2.2 Determinação da formação de melanina

A formação de melanina foi testada em meio mineral modificado e em meio de ágar mineral sintético. 10 □l de meio líquido adequado dispensado em tubos de ensaio inoculados com uma ansa cheia de esporos de streptomyces foram incubados a 30º C durante 3 - 5 dias em fase estacionária. O pigmento de melanina foi estimado tomando 2 ml da cultura e 1 ml de 0,1% de substrato (L-tirosina ou L-Dopa). A mistura de reação foi incubada a 37º C durante 30 min. para a L-tirosina e 5 min. para a L-Dopa, respetivamente. A formação de melanina foi observada e lida espectrofotometricamente a 480 nm (Dastager *et al.*, 2006).

4.2.3 Determinação da atividade da tirosinase

A determinação da atividade da tirosinase foi determinada por Lowary *et al.* (1951) utilizando o método FCR. A atividade enzimática foi registada espectrofotometricamente a 660 nm.

4.2.4 Determinação da atividade específica da tirosinase

a) Atividade da L-Dopa oxidase

A atividade específica da tirosinase foi determinada por espetrofotometria a 475 nm, registando o pico de absorvância do cromo da dopa (Schmidt, 1990). A mistura de reação continha 4 mm de L-Dopa, 5 mm de tampão Tris HCl, pH 8,5 e 0,5 ml de solução enzimática bruta; o volume total de 2,5 ml de mistura sem enzima serviu de controlo e as suas taxas de reação foram subtraídas da presença de enzima nas condições experimentais acima referidas. 1 unidade de atividade enzimática foi definida como 0,01 aumentos de absorvância a 475 nm.

b) Atividade da hidroxilase

O ensaio baseado na reação de L-Dopa resultante da oxidação enzimática da L-tirosina foi determinado a 280 nm (Marumo e Waite, 1986). A mistura num volume total de 5 ml continha 50 mm Tris / HCl pH 8,5, 0,5 mm de L-tirosina, 0,5

□m L-Dopa, 2 ml de solução enzimática e 0,5 mm de ácido ascórbico. A mistura de reação foi incubada à temperatura ambiente, com agitação e arejamento constantes, durante 8 horas, em vários momentos. Foram retirados 0,5 ml da mistura e diluídos com 2 ml de água destilada, a reação foi interrompida pela adição de 1 ml de HCl 1 N e a DO a 280 nm (Liu *et al.*, 2006).

4.2.5 Determinação do teor proteico da tirosinase

O teor proteico da tirosinase foi determinado utilizando o método FCR (Lowary *et al.*, 1951).

4.2.6 Produção de tirosinase

A produção de tirosinase foi efectuada num processo descontínuo, utilizando 100 ml de caldo mineral e o potencial isolado de *Streptomyces* sp.

Uma cultura potencial com três dias de idade foi inoculada em 100 ml de meio e incubada à temperatura ambiente durante 72 horas. Os quatro substratos importantes utilizados para a produção de tirosinase foram a L-Dopa, o Catecol, a L-tirosina e a hidroxiquinona. A atividade específica da tirosinase foi determinada, como mencionado anteriormente, com referência a todos estes substratos.

4.2.7 Factores que influenciam a produção de tirosinase

a) Temperatura

Um conjunto de frascos cónicos contendo 100 ml de caldo com pH 8,5 foi incubado a diferentes intervalos de temperatura. Os frascos contendo 100 ml de caldo mineral modificado com nível de pH 8,5 foram esterilizados a 121° C durante 15 minutos e posteriormente inoculados e incubados a diferentes temperaturas 25° , 30° , 35° , 40° e 45° C (Prema Kashyapas *et al.*, 2002).

b) pH

Um conjunto de frascos cónicos contendo 100 ml de caldo mineral modificado foi ajustado a diferentes níveis de pH. O pH do caldo foi ajustado na gama de 6,5 a 9,0 com incrementos de 0,5 utilizando HCl diluído (0,1 N) e NaOH (0,1 N), a fim de observar o nível de pH desejado (Keerthi *et al.*, 1999).

c) Fontes de carbono

O efeito das fontes de carbono na tirosinase foi determinado com 1% de amido, glucose, frutose e lactose como única fonte de carbono. O efeito das fontes de carbono na tirosinase foi determinado utilizando meios de utilização de carbono conforme prescrito por Shirling e Gottleb (1996).

d) Fontes de azoto

O efeito das fontes de azoto na tirosinase foi determinado com 1% de citrulina, arginina, histidina e L-tirosina como única fonte de azoto. O efeito das fontes de azoto na tirosinase foi determinado utilizando meios de utilização de azoto, tal como prescrito por Gottlebi (1960).

3.2.8 Isolamento e purificação da tirosinase

O caldo fermentado foi centrifugado a 10.000 rpm durante 10 minutos. O sobrenadante foi tratado como extrato enzimático bruto. A purificação parcial da enzima foi efectuada de acordo com o método descrito por Yano *et al.* (2007). O sobrenadante sem células foi precipitado com diferentes concentrações de sulfato de amónio, isto é, de 40-60%. O precipitado foi dissolvido numa pequena quantidade de tampão Tris HCl 50 □m (pH 7,2) e dialisado durante a noite. O mesmo tampão com a enzima purificada foi submetido a SDS-PAGE para purificação.

O peso molecular da enzima purificada foi determinado por cromatograma líquido de espetro de massa (LCMS) de acordo com o procedimento padrão prescrito por William Camp (1997).

3.2.9 Espectro de massa do cromatograma líquido (LCMS)

A determinação da tirosina (amostra do primeiro dia), da L-Dopa (amostra do terceiro dia) e da melanina (amostra do quinto dia), tendo em vista o seu peso molecular, foi efectuada por cromatografia líquida de espetro de massa utilizando LCMS-2010A (Shimadzu) no Indian Institute of Chemical Technology, Hyderabad, de acordo com o protocolo normalizado (William Camp, 1997).

CAPÍTULO - V
RESULTADOS E DISCUSSÃO

5.1 Seleção de Streptomyces

A despistagem pode ser definida como a utilização de um procedimento altamente seletivo para permitir a deteção e o isolamento apenas dos organismos Streptomyces de interesse de entre uma grande população microbiana. Assim, para ser eficaz, o rastreio deve, em poucas etapas, permitir a eliminação de muitos valores de Streptomyces. Ao mesmo tempo, deve permitir a deteção precoce de uma pequena percentagem de Streptomyces úteis que estão presentes na população. Existem muitas técnicas de despistagem. Normalmente, os métodos de despistagem incluem a despistagem primária e secundária (Casida, 1989).

O rastreio primário é necessário no caso de espécies microbianas úteis, por exemplo, microrganismos capazes de produzir ácidos orgânicos, vitaminas e enzimas, etc. Através do rastreio secundário, é possível revelar o potencial de produção dos diferentes isolados, as propriedades químicas, físicas e biológicas do produto e muitas outras respostas a este tipo de questões (Patel, 2004).

Foram concebidas técnicas de rastreio rápidas e eficazes para uma variedade de produtos *de Streptomyces* sp. que utilizam uma propriedade do produto ou da sua via biossintética para a deteção de um isolado desejável (Singh, 2005).

Existe um grande número de microrganismos valiosos em vários centros de depósito de culturas e laboratórios de investigação que podem ser explorados para a síntese de vários compostos. No presente estudo, as culturas de Streptomyces disponíveis no nosso laboratório, isoladas por investigadores seniores, foram analisadas para a síntese de tirosinase.

Quinze isolados de Streptomyces (DAS-131, DAS-165, DLS-1, DLS-2, DLS-5, DLS-6, DLS-8, DVB-1, DVB-2, DVB-3, DVB-4, DVB-11, DVB-17, DVB-14 e DVB-15) foram testados quanto à síntese de tirosinase em meio mineral, utilizando tirosina como única fonte de azoto. Com base no desenvolvimento da cor castanha escura, todos os isolados testados foram classificados qualitativamente como mínimo, moderado e máximo. O isolado DLS-8 mostrou um desenvolvimento máximo de cor escura, seguido pelos restantes isolados (Quadro - 1).

A formação de uma cor castanha escura no meio de cultura é a indicação da produção de melanina. A Placa-1 e a Placa-2 mostram a formação de melanina em cultura em caldo por todos os isolados testados e em cultura em placa pelo potencial isolado de Streptomyces DLS-8, respetivamente.

A análise quantitativa de todos os isolados de Streptomyces testados para a síntese de tirosinase em meio sintético, utilizando tirosina como substrato, em condições estáticas e de agitação, é apresentada no quadro 2 e no quadro 3, respetivamente. O isolado de Streptomyces DLS-8 apresentou uma atividade máxima de tirosinase de 9,5 □mol/ml/min em condições estáticas e de

Quadro - 1: Rastreio qualitativo de isolados de Streptomyces para a síntese de tirosinase

Isolados	Baseado na formação de melanóides pelo método de cultura em placas				
	1st dia	2nd dia	3rd dia	4th dia	5th dia
DAS - 131	N	N	++	+++	+++
DAS - 165	N	N	++	+++	+++
DLS - 1	N	N	++	++	++
DLS - 2	N	N	++	+++	+++
DLS - 5	N	N	N	+	++
DLS - 6	N	N	+	++	++
DLS - 8	N	N	++	+++	+++
DVB - 1	N	N	+	++	++
DVB - 2	N	N	N	++	+
DVB - 3	N	N	N	++	+
DVB - 4	N	N	++	++	+
DVB - 11	N	N	++	++	+
DVB - 17	N	N	++	++	+
DVB - 14	N	N	++	++	+
DVB - 15	N	N	++	++	+

N - Sem formação de melanina
+ - Mínimo
++ - Moderado
+++ -Máximo

DAS-131 DAS-165 DLS-1DLS-2 DLS-5 DLS-6 DLS-8

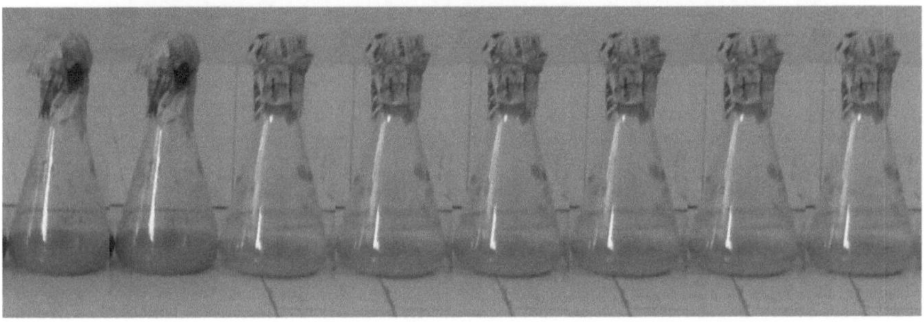

DVB-1 DVB-2 DVB-3 DVB-4 DVB-11 DVB-17 DVB-14 DVB-

15

Placa - 1: Formação de melanina em cultura em caldo pelos isolados de teste de *Streptomyces* sp.

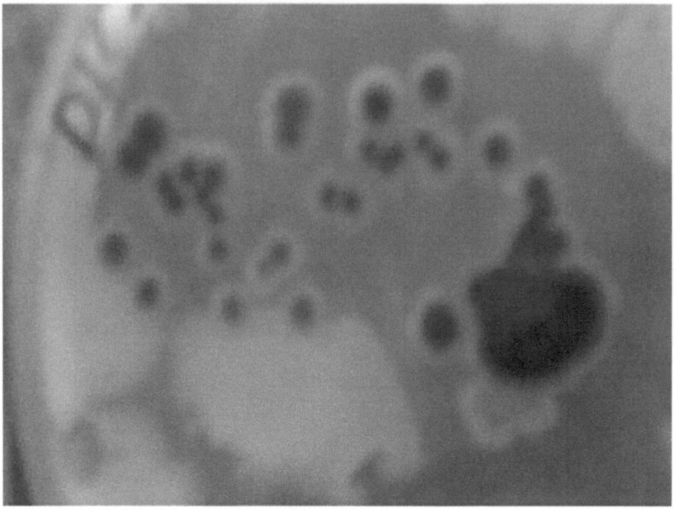

Placa - 2: Formação de melanina em cultura de placas pelo potencial isolado de Streptomyces DLS-8

Quadro - 2: Rastreio quantitativo de isolados de Streptomyces para a síntese de tirosinase em condições estáticas

Período (horas)	Atividade enzimática □mol/ml/min													
	DAS-131	**DAS-165**	**DLS-1**	**DLS-2**	**DLS-5**	**DLS-6**	**DLS-8**	**DVB-1**	**DVB-2**	**DVB-3**	**DVB-4**	**DVB-11**	**DVB-17**	**DVB-14**	**DVB-15**
24	2.5	2.6	0.85	2.1	0.91	1.0	2.6	0.90	2.1	2.1	2.1	1.9	2.0	3.1	2.9
48	3.2	3.1	2.2	3.1	1.7	2.4	3.3	2.4	2.0	2.0	1.9	2.4	2.5	3.4	3.7
72	6.7	6.0	3.1	5.2	2.3	4.8	6.8	3.7	3.1	3.4	3.3	2.8	3.0	6.1	4.1
96	6.9	6.1	5.0	5.9	2.7	5.2	7.0	5.2	4.3	3.9	3.7	3.2	3.5	6.7	4.8
120	8.1	6.3	5.1	7.1	2.9	5.6	8.2	6.2	4.3	4.2	4.1	3.9	4.0	6.9	5.2
144	9.4	6.2	5.1	8.2	2.0	7.2	9.5	6.4	4.1	4.0	4.9	4.0	4.5	7.1	7.3

Quadro - 3: Rastreio quantitativo de isolados de Streptomyces para a síntese de tirosinase em frasco agitado

Período (horas)	Atividade enzimática □mol/ml/min													
	DAS-131	**DAS-165**	**DLS-1**	**DLS-2**	**DLS-5**	**DLS-6**	**DLS-8**	**DVB-1**	**DVB-2**	**DVB-3**	**DVB-4**	**DVB-11**	**DVB-17**	**DVB-14**	**DVB-15**
24 horas	2.8	2.8	1.2	1.9	0.71	1.8	2.8	2.1	2.0	1.1	2.1	2.0	2.3	2.1	3.4
48 horas	6.8	3.7	2.5	2.9	1.0	2.8	6.8	3.1	3.4	2.4	2.9	2.2	2.4	3.2	3.5
72 horas	8.0	3.7	3.8	4.7	1.3	4.2	8.9	4.6	4.8	2.4	2.9	2.1	2.4	3.2	3.5
96 horas	8.7	4.7	5.9	7.2	1.8	7.2	9.0	6.7	6.7	3.4	3.4	3.0	3.2	3.5	3.7
120 horas	8.9	5.9	6.9	7.2	7.0	8.5	9.1	6.8	6.9	5.4	3.6	3.5	3.3	4.8	4.9
144 horas	11.0	6.7	7.9	10.2	2.0	8.0	11.0	8.0	8.2	6.2	6.5	4.2	6.1	6.9	6.8

11,0 □mol/ml/min em condições de agitação durante o período de fermentação de 140 horas. A síntese de tirosinase por todos os isolados testados, tanto em condições estáticas como de agitação, aumentou gradualmente ao longo do período de fermentação.

Todos os isolados testados mostraram uma capacidade variada de sintetizar tirosinase. Aparentemente, as condições de agitação proporcionam um melhor ambiente fisiológico para a síntese de tirosinase. Como Streptomyces é altamente aeróbico, naturalmente apresentou maior síntese de tirosinase em condições de agitação do que em condições estáticas.

5.2 Poder catalítico da tirosinase

Geralmente, a tirosinase catalisa a tirosina e oxida-a em L-Dopa pelo oxigénio molecular, transformando-a depois em melanina (Jun *et al.*, 2003). Por conseguinte, a formação de melanina é um fator essencial para o estudo da tirosinase.

No presente estudo, a produção de melanina por todos os isolados de Streptomyces testados foi efectuada para examinar o poder catalítico da tirosinase. A determinação da melanina produzida por todos os isolados de Streptomyces testados é apresentada no quadro 4. Com base na quantidade de melanina estimada, todos os isolados testados foram classificados como mínimos (+), moderados (++) e máximos (+++). Nenhum dos isolados mostrou produção de melanina em 24 horas e 48 horas (exceto DAS-131, 165 e DLS-8). Sete isolados mostraram a formação máxima de melanina seguida pela formação moderada dos restantes isolados.

Quadro - 4: Determinação da melanina produzida pelos isolados de Streptomyces

N.º de isolados	Estimativa da melanina λ = 480 m				
	24 horas	**48 horas**	**72 horas**	**96 horas**	**120 horas**
DAS - 131	N	+	++	++	+++
DAS - 165	N	+	++	+++	+++
DLS - 1	N	N	+	++	++
DLS - 2	N	N	+	++	+++
DLS - 5	N	N	N	++	++
DLS - 6	N	N	+	++	+++
DLS - 8	N	+	++	+++	+++
DVB - 1	N	N	+	++	++
DVB - 2	N	N	+	++	++
DVB - 3	N	N	+	++	++
DVB - 4	N	N	+	++	++
DVB - 11	N	N	+	++	+++
DVB - 17	N	N	+	++	++
DVB - 14	N	N	+	++	++
DVB - 15	N	N	+	++	+++

N : Não há formação de melanina
+ : Mínimo
++ : Moderado
+++ : Máximo

O teor de proteínas é um índice de qualquer enzima. No presente estudo, foi determinado o teor de proteínas do extrato bruto de tirosinase sintetizada por todos os isolados testados (Quadro 5). O isolado de Streptomyces DLS-8 apresentou o teor máximo de proteína (6,9 □g/ml) em 72 horas de incubação.

5.3 Produção de tirosinase

A produção de tirosinase num bioprocesso descontínuo (placa - 3) em condições submersas pelo potencial isolado de Streptomyces DLS-8 foi avaliada em condições estáticas e de agitação. Espera-se que as diferentes condições produzam uma quantidade diferente de tirosinase. No presente estudo (Tabela - 6), a condição de agitação mostrou a produção máxima (11,9 □mol/min) de tirosinase. O Actinomyctes, sendo esporulado, funciona naturalmente bem em condições arejadas e, por conseguinte, o rendimento máximo foi obtido em condições de agitação.

5.4 Factores que influenciam a produção de tirosinase

Geralmente, os parâmetros físico-químicos, como o pH e a temperatura, e os parâmetros nutricionais, como o carbono e o azoto, são os factores críticos, que se sabe influenciarem a produção de qualquer produto final pelos microrganismos. O pH ótimo para o crescimento de Streptomyces é de 6,5 - 8,5. O crescimento de *Streptomyces* sp. foi máximo nesta gama e todas as vias metabólicas estavam a funcionar em condições óptimas. A produção de tirosinase também foi muito elevada, provando assim que esta enzima catalisa a oxidação da L-tirosina em maior medida e mais

Quadro - 5: Determinação do teor proteico da tirosinase sintetizada pelos isolados de Streptomyces

Isolados	Teor de proteínas (□g/ml)				
	24 h	48 h	72 h	96 h	120 h
DAS - 131	2.1	2.1	6.7	5.9	6.8
DAS - 165	2.2	2.2	6.4	6.6	6.7
DLS - 1	0.5	1.2	1.5	2	3.2
DLS - 2	2.3	3.4	3.1	6.1	6.7
DLS - 5	1.1	1.7	2.8	4.7	4.4
DLS - 6	2.5	2.3	5.3	6.1	6.0
DLS - 8	2.1	3.6	6.9	6.9	6.8
DVB - 1	2.1	3.2	5.9	5.7	5.8
DVB - 2	2.0	3.1	4.8	5.1	5.6
DVB - 3	1.9	3.2	4.7	4.9	5.8
DVB - 4	2.1	4.0	4.0	5.8	5.7
DVB - 11	2.3	3.4	5.3	5.3	5.6
DVB - 17	2.5	3.3	4.2	4.1	5.5
DVB - 14	2.1	3.2	3.1	4.1	2.5
DVB - 15	2.1	3.3	5.4	5.4	5.4

Teste de controlo

Placa - 3: Produção de tirosinase pelo potencial isolado de tirosinase

Quadro - 6: Produção de tirosinase pelo potencial isolado de streptomyces DLS-8 em condições estáticas e de agitação

Período de fermentação (horas)	Tirosinase (□mol/ml/min)	
	Estático	Condições de agitação
24	2.6	3.1
48	3.2	5.7
72	3.9	8.8
96	8.1	8.9
120	9.2	9.1
140	9.8	11.9
176	7.0	10.0

A L-DOPA foi formada e posteriormente oxidada em melanina. Este trabalho confirma os resultados da síntese máxima de tirosinase a pH 8,5. A potência catalítica máxima demonstrada pela estirpe Streptomyces DLS-8 foi de 17 □mol/ml/min a este pH (Fig. 1).

A temperatura é também um fator importante que influencia a produção de um produto final por qualquer microrganismo. No presente estudo, foi estudada a gama de temperaturas de 25 a 40° C (Fig. 2) na produção de tirosinase. A produção máxima (17 □mol/ml/min) de tirosinase foi registada a 30° C. Isto revela claramente que os potenciais isolados de Streptomyces DLS-8 apresentam a atividade metabólica máxima a temperaturas normais e naturais.

A síntese da tirosinase também depende dos parâmetros nutricionais, principalmente das fontes de carbono e de azoto. A utilização do carbono e do azoto é mais importante para a produção de tirosinase. No presente estudo, o amido, a glucose, a frutose e a lactose foram utilizados como única fonte de carbono para a produção de tirosinase (Fig. 3). A atividade máxima da tirosinase foi registada com o amido como fonte de carbono às 120 horas de incubação. É um facto que o amido é a fonte de carbono mais naturalmente disponível em qualquer ecossistema do solo. Uma vez que o solo é a fonte do potencial isolado, é natural que a produção máxima de tirosinase tenha sido registada com amido.

Quatro fontes de azoto, como a citrulina, a arginina, a histindina e a L-tirosina, foram avaliadas (Fig. 4) quanto à sua influência na produção de tirosinase pelo potencial isolado de Streptomyces DLS-8. Sendo a L-tirosina

Fig. - 1: Efeito do pH na produção de tirosinase

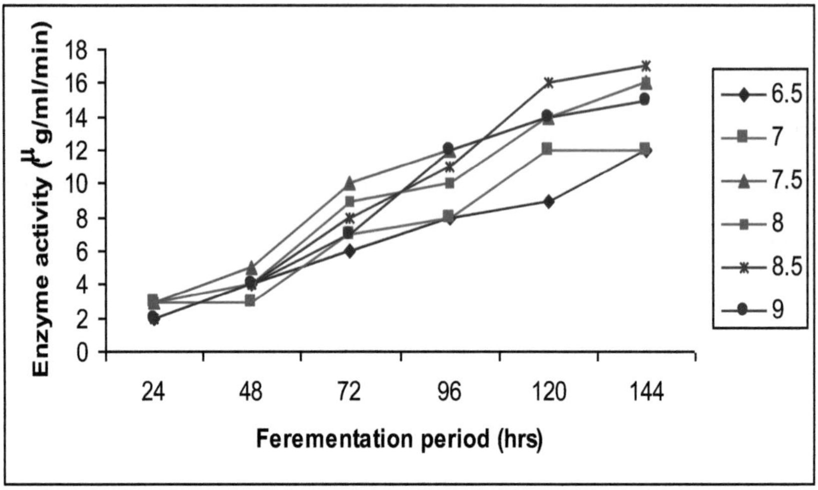

Fig. 2: Efeito da temperatura na produção de tirosinase

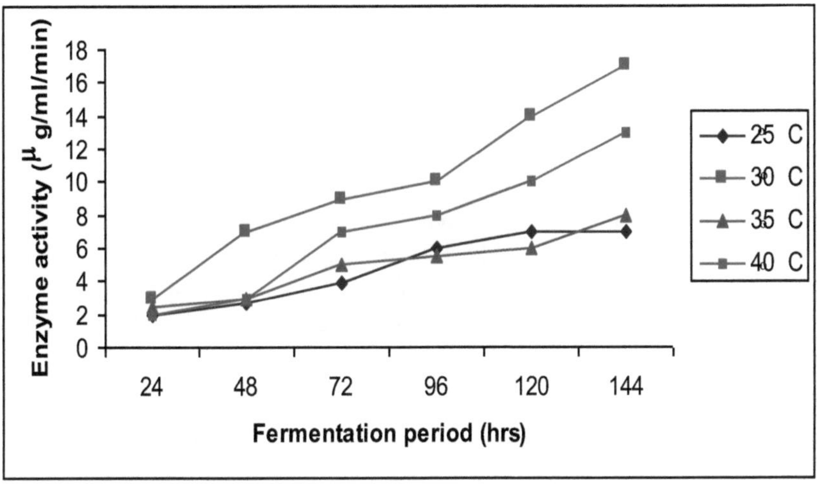

Fig. 3: Efeito da fonte de carbono na produção de tirosinase

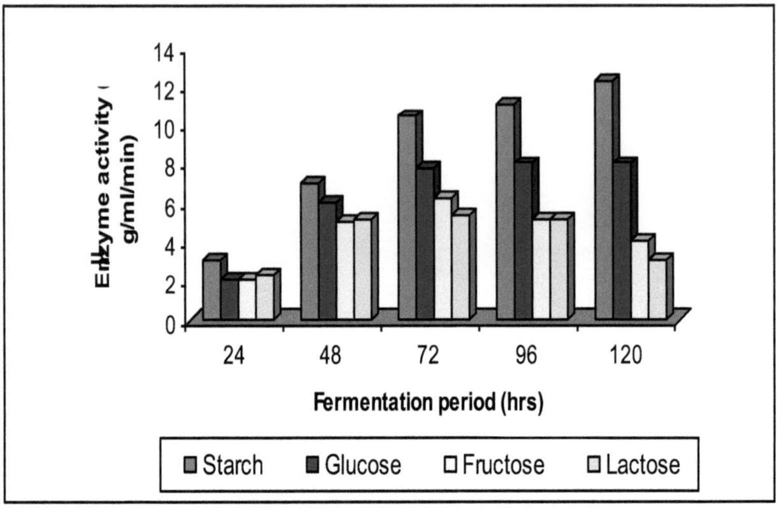

Fig . 4 : Efeito da fonte de azoto na produção de tirosinase

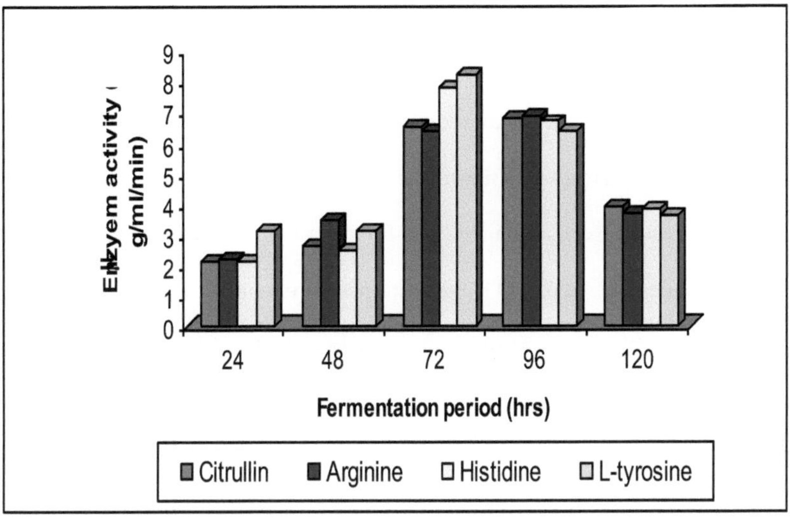

O substrato muito específico deu um rendimento máximo de tirosinase às 72 horas de fermentação. A Tabela - 7 apresenta a atividade específica da tirosinase com quatro substratos, indicando também a atividade relativa. A L-Dopa apresentou uma atividade relativa de 100% quando comparada com os restantes três substratos.

5.5 Isolamento e purificação da tirosinase

A purificação parcial da enzima foi efectuada de acordo com o método descrito por Yano *et al.* (2007). O isolamento parcial e a purificação da tirosinase pela técnica SDS - PAGE (Plate - 4) revelaram um peso molecular de 45 KDa utilizando BSA como marcador padrão.

5.6 Espectro de massa do cromatograma líquido (LCMS)

A técnica de espetro de massa de cromatogramas líquidos é um meio importante para detetar diferentes substratos com base na elucidação estrutural, registando o seu peso molecular indicado pelo pico de base. No presente estudo, a LCMS foi efectuada para detetar a tirosina, a L-Dopa e a melanina. A tirosina, que tem um peso molecular de 181,16, foi identificada muito claramente com o pico de base de 182 a 100% (Fig. 5). A L-Dopa (peso molecular de 197), um produto intermédio que resultou após 72 horas, foi revelada na Fig. 6 com um pico de base de 194 a 100%. A Fig. 7 revela a deteção de melanina, um produto final após a fragmentação total pela tirosinase, com um pico de base de 599 a 100%. Estas observações revelam significativamente o poder catalítico da tirosinase, indicando a catálise da tirosina em melanina através da L-Dopa como intermediário.

Quadro - 7: Atividade específica da tirosinase produzida pelo potencial isolamento de Streptomyces DLS - 8

Substrato	Concentração (mM)	Atividade relativa (%)
L-Dopa	10	100%
Catecol	10	24%
L-tirosina	10	10%
Hidroxiquinona	10	0.05%

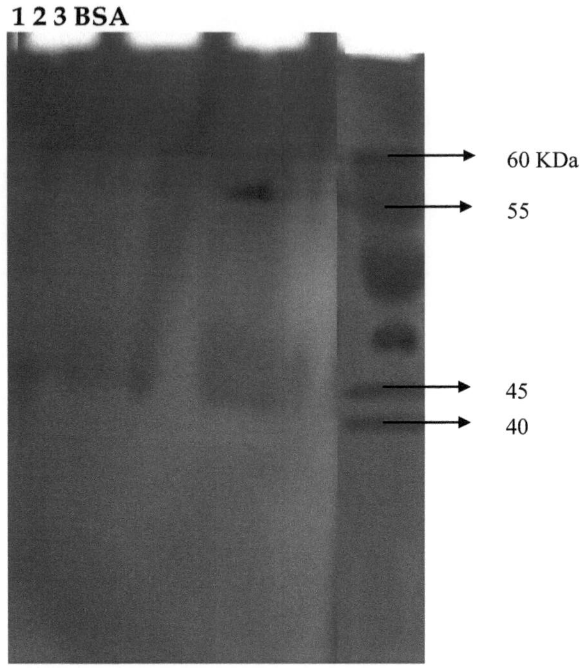

Placa - 4: Isolamento parcial e purificação da tirosinase por SDS-PAGE (eletroforese em gel de poliacrilamida)

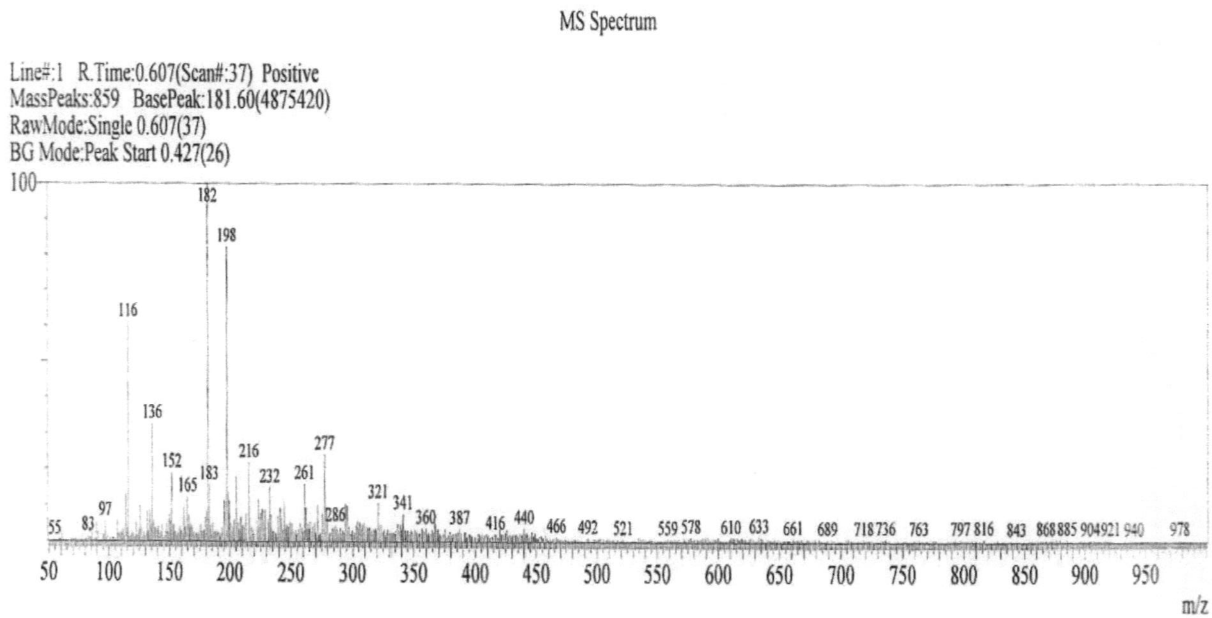

Fig. - 5: Cromatograma líquido do espetro de massa da tirosina

MS Spectrum

Line#:1 R.Time:0.522(Scan#:32) Negative
MassPeaks:627 BasePeak:194.25(3444401)
RawMode:Single 0.522(32)
BG Mode:Peak Start 0.427(26)

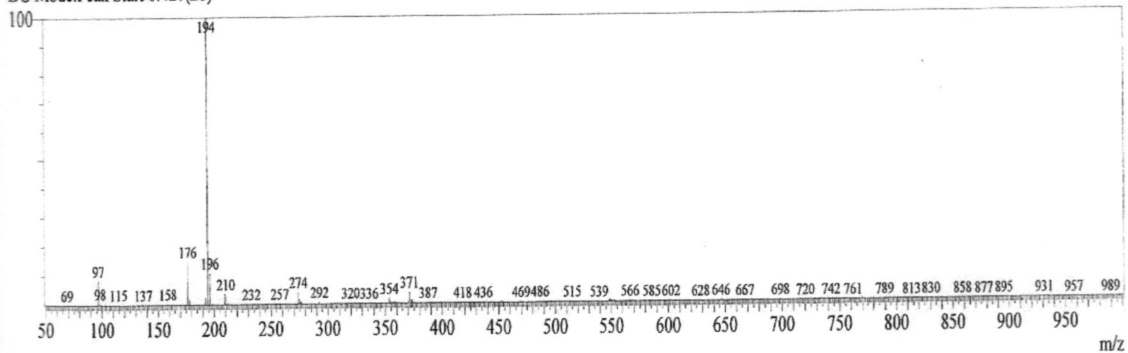

MS Peak Table

Peak#	R.Time	I.Time	F.Time	Area	Height	A/H	Mark	%Total	Name
1	0.522	0.427	0.643	24868059	6519046	3.81		100.00	
				24868059	6519046			100.00	

Base m/z	Base Int.
194.25	3444401

Fig. - 6: Cromatograma líquido do espetro de massa da L-Dopa

Line#:2 R.Time:1.048(Scan#:63) Positive
MassPeaks:852 BasePeak:598.75(500495)
RawMode:Single 1.048(63)
BG Mode:Peak Start 0.793(48)

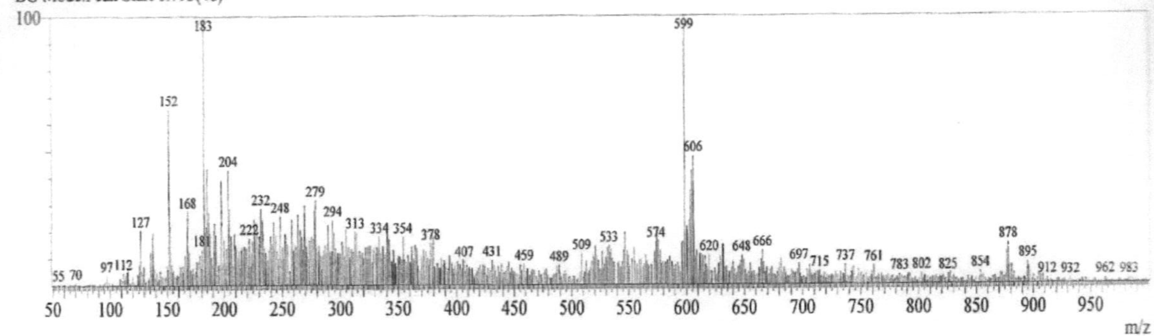

MS Peak Table

Peak#	R.Time	I.Time	F.Time	Area	Height	A/H	Mark	%Total	Name
1	0.607	0.427	0.793	683892323	90510060	7.55	E	79.49	
2	1.048	0.793	1.243	176449022	29751841	5.93		20.51	
				860341345	120261901			100.00	

Base m/z	Base Int.
181.60	4875420
598.75	500495

Fig. - 7: Cromatograma líquido do espetro de massa da melanina

CAPÍTULO - VI
RESUMO E CONCLUSÃO

- No total, 15 isolados de Streptomyces foram analisados quanto à síntese de tirosinase por métodos qualitativos e quantitativos em meio sintético.
- A atividade da tirosinase, a atividade específica da tirosinase, a formação de melanina e o teor de proteínas da tirosinase foram avaliados para determinar a potência catalítica da tirosinase.
- Num bioprocesso descontínuo, verificou-se que um isolado de Streptomyces DLS-8 tem potencial para a produção de tirosinase.
- Também se examinou o efeito do pH e da temperatura na produção de tirosinase. A temperatura de 30^0 C e o pH 8,5 revelaram-se óptimos para a produção máxima de tirosinase.
- Os resultados do presente estudo revelaram que o amido e a citrulina foram as fontes de carbono e de azoto importantes, respetivamente, para a produção máxima de tirosinase.
- O isolamento parcial e a purificação da tirosinase foram efectuados por SDS-PAGE. A tirosinase foi determinada como tendo cerca de 45 KDa, em comparação com BSA como marcador padrão.
- O espetro de massa do cromatograma líquido revela a presença de tirosina, L-Dopa e melanina com base nos seus picos de base para os respectivos pesos moleculares, indicando significativamente o poder catalítico da tirosinase.

- Conclui-se que *Streptomyces* sp. pode ser um isolado potencialmente importante a nível industrial para a produção de tirosinase. No entanto, são essenciais mais estudos sobre a produção e a estabilidade da tirosinase.

APÊNDICE

MEDIA

1) Ágar amido caseína

K HPO 24	-2 gm
Amido	-10 gm
KNO_3	-2 gm
Caseína	-0,3 gm
$MgSO_4$. 7 H O_2	-0,05 gm
$FeSO_4$ 7H O_2	-0,01 gm
Ágar	-20 gm
pH	-7 - 7.2
Água destilada	-1000 ml

2) Meio mineral

K HPO_{24}	-10 g
(NH $)_4{}^2$ SO 4	- 10 gm
$MgSO_4$ 7H O 2	-0,2 gm
$CaCl_2$ 2H O_2	-0,1 gm
$FeCl_3$	-0,02 gm
Amido	-2%
L-tirosina	-0.1%
Ágar	-2%
pH	-6 .5 - 7

3) Meio de ulitização de azoto (Gottlieb, 1960)

(NH $)_4{}^2$ SO 4	-2.64 g
K HPO_{24} 3H_2 O-5	,56 g

$KH_2 PO_4$ -2,38 g
$MgSO_4$ 7H O_2 -1.0 g
$CuSO_4$ 5H O_2 -6 ,40 mg
FeSO 7H $O_{4\,2}$ -1,10 mg
$ZnSO_4$ 7H O_2 -1,50 mg
$MnCl_2$ 4H O_2 -7 ,90 mg
Água destilada -1000 ml
pH -6 .8 - 7.0

Fontes de azoto

1% dos aminoácidos esterilizados por filtração são utilizados como fontes de azoto.

4) Meio de utilização de carbono (Shirling e Gottlieb, 1966 ISP)

(NH_4) SO $_4$ -2.64 g
KH_2 PO $_4$ -2.38 g
K HPO 3$H_{24\,2}$ O-5 ,56 g
$MgSO_4$ 7H O_2 -1.0 g
$CuSO_4$ 5H O_2 -6 ,40 mg
$FeSO_4$ 7H O_2 -1,10 mg
$MnCl_2$ 4H O_2 -7 ,90 mg
$ZnSO_4$ 7H O_2 -1,50 mg
Água destilada -1000 ml
pH -6 .8 - 7.0

Fontes de carbono

1% de açúcar esterilizado por filtração foram utilizados como fontes de carbono.

5. Formação de melanina (Shriling e Gottlieb, 1966 ISP)

Glicerol	-15 ml
L-tirosina	-0.5 g
L-Aspargénio	-1.0 g
K HPO_{24}	-0,5 g
$MgSO_4$ 7H O_2	-0.5 g
NaCl	-0.01 g
FeSO 7H O_{42}	-0.01 g
Oligoelementos	-1,0 ml
Ágar	-20 .09
Água destilada	-1000 ml
pH	-7 .2 - 7.4

6. Corantes e reagentes

a) L-tirosina (0,1%) (Bahrim e Negotia, 2007)

L-tirosina	-0.1%
Água destilada	-1000 ml

b) Ácido tricoloacético (1,5 m)

Ácido tricloroacético	-12 .25 g
Água destilada	-50 ml

c) Tampão Tris HCl (0,1 m) (Thimmaidh, 1999)

Solução de reserva

a) Solução 0,2 M de tris (hidrossenetil) amino metano - 24,23 g e diluir a 1000ml

b) 0,2 M HCl

Misturar 50 ml de a) com x ml de b e diluir 100 ml com água

X ml -44 ,2 ml

pH -7 .2

FCR

1) Diluir o reagente FCR disponível no mercado com igual volume de água destilada. Trata-se da solução de molbedato de sódio em ácido fosfórico e HCl.
2) Solução de proteína padrão - 0,2 mg/ml de solução de BSA
3) Solução reagente de cobre alcalino - solução de carbonato de sódio a 2% em NaOH 0,1 N.

Solução B - 1% $CuSO4$

Solução C - Tartarato de sódio e potássio a 2% misturar 50 ml da solução A + 0,5 ml da solução B + 0,5 ml da solução imediatamente antes da utilização.

REAGENTES

1) Solução padrão de maltox

Pesar 100mg de maltose e dissolver em 1000ml de água destilada, concentração 1 mg/ml.

2) Ácido dinitrosalquílico

1 g de DNS dissolvido em 20 ml de NaOH 2N, 80 ml de água destilada e 30 g de taurtarato de sódio e potássio e completar o volume até 1000 ml com água destilada.

3) Tampão fosfato

Tampão de fosfato - tampão de fosfato 0,2 m pH - 6,9

Solução de reserva

A. 0,2 m de soluto de fosfato de sódio monobásico (27,8 gm em 1000ml)

B. Solução 0,2 m de fosfato de sódio dibásico (53,05 gm) Na HPO_{24} 7H2O ou 71,1 gm de $NaHPO_4$ $12H_2$ O em 1000 ml)

X ml de A + 4 ml de B, diluir até um total de 200 ml

4) Sal - Sulfato de amónio

REFERÊNCIAS

1. Agrios, G. N., 1988. Plant pathology (3rd edn.) Academic Press, San Diego, 2020-202, 299-306, 345-348, 427-429.

2. Aharonowitz, Y., 1980. Regulação do metabolito do azoto na biossíntese de antibióticos. *Ann. Rev. Microbiol,* **34:** 209-233.

3. Aiyer, D. P. V., 2004. Efeito do rácio C:N na produção de alfa amilase por *Bacillus licheniformis* SPT 27. *African K. Biotechnol.* **3(1):** 519-522.

4. Ando, K., Oishi, H., Hirano, S., Okutomilk, J., Okazaki, Sawada, M. e Sagawa, T., 1971. Tetranactina, um novo antibiótico miticida: isolamento, caraterização e propriedades da tetranactina. *J. Antibiotics,* **24:** 347-353.

5. Aneja, K. R., 1996. Practical Microbiology, p. 435, 202, 416, 417.

6. Atlas, R. M., 2000. Handbook of Microbiological Media.

7. Agostinho *et al.,* 2005. Produção de metabolito dependente do crescimento ativo contra dermatófitos por *S. rochei* AK39, *Indian J. Med. Res.* **121:** 164-170.

8. Bahrim, G. e Negotia, T., 2007. VI Simposio Argentinoy III Latinoamericano Sobre investigaçoes antarticas. Instituto Ant. Artied Argentina.

9. Bull, A. T., Ward, A. C. e Goodfellow, M., 2000. Estratégias de pesquisa e descoberta para a biotecnologia: a mudança de paradigma. *Microbial. Mol. Biol. Rev.* **64:** 573-606.

10. Burnester, T., Scheller, K., 1996. Common origin of arthropod tyrosinase, arthropod hemocycanin, insect hexa merin and pteran arylophorin recetor. *J. Mol. Evol.,* **42:** 713-728.

11. Campbell, W. C., 1985. Parasitol, Hoje, **1:** 10.

12. Chatterjee, M. N., Rana Shinde, 2002. Livro de texto de bioquímica médica, 5th Edition.

13. Dahn, U., Halnmaier, H., Hohne, H., Konig, W. A., Wolf Gnad Zahner, H., 1976. Nikkomycin Cinnever Hemmstoff derchitin synthase bei Pilzen. *Arch. Microbiol.*, **197:** 143-160.

14. David P. Labeda e Marcia C. Shearer, 1990. Isolamento de Actinomicetos para aplicação biotecnológica. Em David P. Labeda (ed.), Isolation of Biotechnological organism from nature. The McGraw Hill Environmental Biotechnology Series, 1-26.

15. Decker, H., Ryan, M., JAenicke, E., Terwilliger, N., 2001. Atividade de fenolunidase induzida por SDS da hemocianina de limerlolyphemus, *Eurplema californicum* e cancer magister. *J. Biol. Chem.*, **276:** 17796-17799.

16. Duresewitz, G., Terwilliger, N. B., 1999. Developmental changes in hemocyanin expression in Dungeness crab cancer agister, *J. Biol. Chem.*, **272:** 4347-4350.

17. Francisco Salano *et al.*, 1997. Isolamento e caraterização de uma nova bactéria de malina com gene melano. Microbiologia aplicada e ambiental, 3499-3566.

18. Fujimuto, K., Okino, N., Kawabata, S-I., Iwanaga, S., Onnishi, E., 1995. Nucleotide sequence of the DNA on coding the enzyme of phenol oxidase AS of *Drosphila melangastar, Pro Natl. Acad. Sci.* USA **92:** 7769-7773.

19. Goodfellow, M. e O'Dennell, A. G., 1989. Pesquisa e descoberta de actinomicetos industrialmente significativos. In: Microbial products: New

approaches Baumberg, S., Hunter, I. S., e Rhoda, P. M. (eds). Cambridge University Press, Cambridge. 343-383.

20. Harry, W., Duckworth e Joseph, E., Colema, 1969. Propriedades físico-químicas e cinéticas da tirosinase de cogumelos. *The journal of biological chemistry*, 245(7).

21. Holker, U., Dohse, J. e Hofer, M., 2002. Laccase extracelular no ascomiceto *Trichoderma atroviride* e *Trichoderma harzianum*. *Folia Microbiol*, **47:** 423-427.

22. Hungate, R. E., 1946. *J. Bacteriol*, **51:** 51-56.

23. Hunter, J. C., Eveleigh, D. E. e Cassala, G., 1981. Actinomicetos de um pântano salgado, 195-200. In - Schall, K. P. e Pulverar, G. (eds). Actionmycetes. Zentralbl. Bakteriol. Microbiolo. Hyg. Suppl. II, Stuttgart, Fisher Verlag.

24. Imada, C., 2005. Inibidores de enzimas e outros compostos bioactivos de actinomicetos marinhos. *Antonie Van leeuwenhoek* **87(1):** 59-63.

25. Introdução à tirosinase por Willkypedia (www.wickypedia.com)

26. Iwami, M., Nakayamma, O., Teramo, H., Kohsak, M., Aoki, H. e Inanaka, H., 1987. Um novo imunomodulador, FF-900494: Taxonomia, fermentação, isolamento e caraterísticas físico-químicas e biológicas. *The J. Antibiotics*, **40:** 612-622.

27. Jennifer, L. K., Lee, A. B., Miranda, H., Peter, M., John, N. K., Hung Lee, Jack, T. T., 2004. Métodos de estudo da diversidade microbiana do solo. *J. Microbiol. Meth.* **58:** 169-188.

28. John, P. Hollis, 1954. Estudos sobre Streptomyces scabies II. Estimulação da produção de melanina por aminoácidos. Boletim do Clube de Cal. torrey Botini, 81(2). Club, 81(2).

29. Jun YAO, Yi LIU, Tian Zhi Wang, Jian Ben LIU, Peng, LIU, Zi Niu Yu, 2003. Estudo microcalorimétrico sobre a oxidação da tirosina catalisada pela tirosinase. *Chinese Chemical Letters*, **14(6):** 619-622.

30. Keerthi, T. R., Suresh, P. V., Sabu, A., Rajee Kumar, S. e Chandrasekaran, M., 1999. Produção extracelular de glutaminase, por *Beauveria bussiana* BTMF S10 alcalofílica isolada de sedimento de malinina. *Revista Mundial de Microbiologia e Biotecnologia*, **15:** 751-752.

31. Kieser, T., Bibb, J., Buttner, M. J., Chaiter, K. F. e Hopwood, D. A., 2000. Practical Streptomyces genetics. The John Innes Foundation, Norwich.

32. Kittisak Likhtiwitayawuid, 2008. Stibenos com atividade inibidora da tirosinase. *Ciência Atual*, **94(1):** 44 - 52.

33. Kwon, B. S., Haq, A. K., Pomerantz, S. H. e Halaban, R., 1987. Isolamento e sequência de um clone de cDNA para a tirosinase humana que mapeia no locus c-albino do rato. *Proc. Natl. Acad. Sci. USA*, **84:** 7473-7477.

34. Lacey, J., 1973. Actinomycetes in soils, composts and forders. Em Actinomycetes, characteristics and practical importance. (Skyes, S. e Skinner, F. A., eds.) Academic Press, Londres, 231-251.

35. Lamks, 2006. Descoberta de novos metabolitos de actinomicetos marinhos. *Curr. Opin. Microbiol*. **9(3):** 245-51.

36. Lazzarini, A., Cavaletti, L., Toppo, G., Marinelli, F., 2000. Géneros raros de actinomicetos como potenciais produtores de novos antibióticos. Antonie Van Leeuwenhoek **78(3-4):** 399-405.

37. Lechevalier, H. A. e Lechevalier, M. P., 1967. Biology of Actinomycetes, *Ann. Rev., Microbiol*, **21:** 71.

38. Lerch, K., 1982. *J. Bioil. Chem.*, **257:** 6414-6419.

39. Lerch, K., 1983. Neurospora tyrosinase: propriedades estruturais, espectroscópicas e catalíticas, *Mol. Cell. Biochem*, **52:** 125-138.

40. Lieb, b., Altenheim Markl, J., Vincent, A., Van Olden, E., Van Holde, E., Miller, K. I., 2001. Estrutura da evolução do gene haemocyamin proct. *Natl. Acad. Science* USA, **98:** 4546-4556.

41. Liu, N., Zhang, T., Wang, Y. J., Huang, Y. P., Ou, J. H. e Shen, P., 2001. Uma tirosinase induzida pelo calor com propriedades distintas de *Bacillus thuringiensis. Cartas em Microbiologia Aplicada*, **39:** 407-412.

42. Longfelder, K., Streibel, M., Jahn, B., Haase, G., Brakhage, A. A., 2003. Biossíntese de melaninas fúngicas e sua importância para os fungos patogénicos humanos. *Fungal gene boil*, **38:** 143-158.

43. Manish Kapoor e Rakesh Kumar Jain, 2004. Microbial diversity exploring the unexplored (Diversidade microbiana explorando o inexplorado). IMTECH - comunicação, 08/2004.

44. Marcel Huber, Gilberto Hintermann e Konrad Lerch, 1985. Estrutura primária de tirosinasae de *Streptomyces glaucescens. Biochemistry*, **24:** 6038 - 6044.

45. Marmol, V., Beerman, F., 1996. Tyrosinase related protein in mammalian pigmentation (Proteína relacionada com a tirosinase na pigmentação dos mamíferos). *FEBS lett.*, **381:** 165-168.

46. Mason, H. S., Fowlks, W. L. e Peterson, E., Jamer, 1995. *Chem. Soc.*, **77:** 2914.

47. Matoba, Y., Kumagai, T., Tamamoto, A., Yoshitsu, H. e Sugiyama, M., 2006. Evidência cristalográfica de que o centro de cobre dinuclear da tirosinase é flexível durante a catálise. *J. Biol. Chem.*, **281:** 89891-8990.

48. Prema Kashyap, Sabu, A., Ashok Pandey, George Szakacs e Carlos, R., Soecol, 2002. Extracellular L-glutaminase production by *Zygosaccharomyces rouxii*. *Process Biochemistry*, **38:** 307-312.

49. Prezemyslaw, M. Plonka e Maja Grabacka, 2006. Síntese de melanina em microorganismos - aspectos biotecnológicos e médicos. *Ata Biochimica. Polónica*, **53(3):** 429 - 443.

50. Renko, M., Pakorny, M., Vitale, Lj. E Turk, V., 1981. Proteases extracelulares de *Streptomyces rimosus*. 2. Isolamento e caraterização de proteases alcalinas de serina. *Eur. J. Appl. Microbiol. Biotechnol.*, **11:** 166 - 171.

51. Salmon, E. I., Sundram, U. M. e Machonkin, T. E., 1996. Multicopper oxidase and oxygenases. *Chem. Rev.*, **96:** 2563-2605.

52. Sanchez-Ferrer, A., Bru, R., Cabanes, J. e Garcia-Carmona, F., 1988. Caracterização das actividades catecolase e cresolase da polifenol oxidase da uva monastrell. *Phytochemistry*, **27:** 319-321.

53. Selman, A., Waksman, 1963. Os actinomicetos e os seus antibióticos, 235-293. In: Advances in applied microbiology, Vol.5 editado por Wayne, W., Umbelt, Academic Press, Nova Iorque e Londres.

54. Shatta, A. M., El-Hamahmy, A. F., Ahamed, F. H., Ibrahim, M. M. K. e Arafa, M. A. F., 1990. A influência de certos factores nutricionais e ambientais na produção da enzima amilase por *Streptomyces aurefacins*. 77, *J. Islamic Academy, Sci.*, **3(2):** 134-138.

55. Shirling, E. B. e Gottlieb, D., 1966. Métodos para a caraterização de espécies de *Streptomyces*. *Int. J. Syst. Bacteriol.* **16:** 313-340.

56. Solomon, E. I., Sundaram, U. M. e Machonkin, T. E., 1996. Multicopper oxidases and oxygenases. *Chem. Rev.*, **96:** 2563-2605.

57. Takahashi, N., Yamada, T., 1999. Metabolismo da glicose e do lactato por *Actinomyces naeslundii*. *Cri. Rev. Oral Biol. Med.* **10(4):** 487-503.

58. Takahashi, Y. e Omura, S., 2003. Isolamento de novas estirpes de actinomicetos para o rastreio de novos compostos bioactivos. *J. Gen. Appl. Microbiol*, **49:** 141-154.

59. Terekhova, L. P., Galatenko, O. A., Kuliaeva, V. V., Tolstykh, IV, Golova, T. P., Kutrukha, G. S., Zhukhmistova, N. E., Oi'khovatova, O. L., Malkina, N. D., Boikova, I. U. V., 1992. Produção de griseoviridina e etamicina pela nova cultura *Streptomyces albolongus*. *Antibiot Khimioter*, **37(12):** 19-21.

60. Terekhova, L. P., Galatenko, O. A., Preobrazhenskaia, T. P., Tolstykh, I. V., Ol'khovatova, O. L., Malkina, N. D., Rubtsova, E. V., 1991. Jan *Actinomadura* sp. Como produtores de antibióticos antibiot Khimioter **36(1):** 3-5.

61. Tomsovsky, M. e Homolka, L., 2004. Descoberta da atividade da tirosinase em *Trametes* sp. *World J. Microbiol. Biotechnol.*, **20:** 529-530.

62. Van Gelder, C. W. G., Flurkey, W. H. e Wichers, H. J., 1997. Sequência e caraterísticas estruturais de tirosinases de plantas e fungos. *Phytochemistry*, **45:** 1309-1323.

63. Vander Hoeven, J. S., Vanden Kieboom, C. W. A., 1990. Utilização de lactato dependente de oxigénio por *Actinomyces viscosus* e *Actinomyces naeslundii*. *Oral Microbial. Immunol.* **5:** 223-225.

64. Vaughan, P. F. T., Eason, R., Paton, J. Y. e Ritchie, G. A., 1975. Peso molecular e composição de aminoácidos da fenolase purificada de beterraba espinafre. *Phytochemistry*, **14:** 2383-2386.

65. Wagman, G. H., *et al.*, 1969. Production of Vit. B12 by Micromonospora applied microbiology, **17(4):** 648-649.

66. Waksman, S. A., 1961. The Actinomycetes classification, identification and description of genera and species, Vol. 2. The Williams and Wilkins Co., Baltimore, 1-363.

67. Wichers, H. J., Recourt, K., Hendriks, M., Ebbelaar, C. E., Biancone, G., Hoeberichts, F. A., Mooibroek, H. e Soler-Rivas, C., 2003. *Appl. Microbiol. Biotechnol.* **61:** 336 - 341.

68. Williams, S. T. e Vickers, J. C., 1988. Deteção de Actinomicetos num ambiente natural - problemas e perspectivas. Em: Okami, Y., Beppu, T. e Ogawara, H. (eds.) Biology of Actinomycetes ' 88. Japan Scientific Societies Press, Tóquio, 265-270.

69. Williams, S. T., 1967. Sensibilidade de Streptomyces a antibióticos como um carácter taxonómico. *J. Gen. Microbiol.* **46:** 151-160.

70. William Camp, 1997. Livro de Texto de Química Orgânica Prática, 3rd Edition.

71. Yasuko Kawamura-Konishi, Mariko Tsun, Seiichi HAtana, Masahiro Asanuma, Dai Kakuta, Takeshi Kawano, Etsuko B. Murouyama, Hideyuki Goto e Haruo Suzuki, 2007. Purificação, caraterização e clonagem molecular da tirosinase de Pholiota nemeko. *Biosci. Biotechnol. Biochem.,* **71(7):** 1752-1760.

72. Yasuko, K. A., Wamora, 2007. Purificação, caraterização e clonagem molecular da tirosinase de *Pholita nameko. Bioset Biochem,* **71(7):** 1752-776.

73. Yasuyuki Matoba, Takanori Kumagai, Aiko Yamamoto, Hironari Yoshitsu e Masanori Sugiyama, 2006. Evidência cristalográfica de que o centro de cobre dinuclear da tirosinase é flexível durante a catálise. *JBC Papers in Press.*

74. Yoko Takahashi e Satoshi Omura, 2003. Isolamento de novas estirpes de actinomicetos para o rastreio de novos compostos bioactivos, *J. Gen. Appl. Microbiol.,* **49:** 141-154.

75. Dastager, S. G., Wen-Jun, Li., Dayanand, A., Li-Hua Xu e Cheng-Lin Jiang, 2006. Separação, identificação e análise da produção de pigmentos (melanina) em Streptomyces. *Afr. J. Biotechnol,* 5(8):1131-1134.

76. David T. Plummer, Practical Biochemistry, 3rd Edition.

77. Gottlieb, D., 1960. Uma avaliação dos critérios e procedimentos utilizados na descrição e caraterização dos Streptomyces. *Appl. Microbiol.,* **9:**55-65.

78. Lowary, O. H., Rosebrought, N. J., Farr, A. L. e Randally, R. J., 1951. Medição de proteínas com reagente de folina-fenol. *J. Biolog. Chem.,* **193:** 265- 275.

79. Patel, A. H., 2004. Microbiologia Industrial, Capítulo 3, 15 - 18.

80. Yano, Masae Iro, Jenji Tomita, Hidehiko Kumacia e Tatsurokuro e Tochikura, 1988. Purificação e propriedades da glutaminase de *Aspergillus oryzae, J. Ferment. Technol.,* **66:** 137-143.

MIX
Papier aus verantwortungsvollen Quellen
Paper from responsible sources
FSC® C105338

Printed by Books on Demand GmbH, Norderstedt / Germany